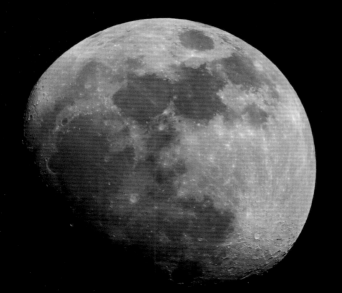

月は、水のない世界。

月は、灰色の世界。

月の石は、灰色のものばかり。

石はなにからできている？

西村寿雄＝文
武田晋一＝写真
ボコヤマクリタ＝構成

岩崎書店

川原や海岸でひろった石。
山からはこばれてきた
いろいろな石。
地球の石は、いろとりどり。

ひろった石をよく見ると、
つぶつぶが見える石と、
見えない石がある。

キラキラしたつぶつぶが見える、白っぽい石。
白や黒や、すきとおった
つぶつぶが見える
マグマからできた石。

地球の奥深くには「マグマ」という、
熱い熱い、どろどろのスープのようなものがある。
マグマが冷えてかたまると、
いろいろなつぶつぶをもつ石になるんだ。

×1

キラキラしたつぶつぶが見える、灰色っぽい石。
赤く光って見えるのは、
ガーネットという宝石だ。
これも、マグマから
できた石。

宝石も、マグマが冷えてかたまるときに
できたつぶのひとつ。
赤いつぶつぶを見つけたら、
じっくり見てみよう。
この石は、火山のちかくに多い石。
見つけた場所の、ちかくには、
むかし火山があったのかもしれない。

×1

つぶつぶが見える、
黒っぽい石。
ハンマーでわると、つぶつぶがキラキラ。
これも、マグマからできた石。

×1

マグマがかたまらないまま、地表をつきやぶって噴きだすのが火山の噴火だ。
この石は、地表ちかくでマグマがかたまってできた石。
つぶつぶがキラキラ光る石は、みんな、マグマからできた石なんだ。

つぶつぶはあるが、キラキラしない石。
小さな石があつまった、
でこぼこの石。

マグマからできた石は、
雨でけずられ、川にながされ、われて小さくなっていく。
その小石が深い海の底に積もって、
ぎゅうぎゅう押されてかたまった石。

×1

つぶつぶはあるが、キラキラしない石。
砂のつぶが積み重なった、
ざらざらした石。

石のかけらがもっともっと小さくわれると、
砂になる。
この石は砂が川にながされ、海の底に積もり、
ぎゅうぎゅう押されてかたまった石。
何度も砂が水ではこばれたあとが、
しましまになってのこっている。

×1

つぶつぶが見えない石。
ぶつけるとポロポロと
われやすい、
泥がかたまった石。

川にながされた泥が、深い海の底に積もり、
かたまったのがこの石だ。

川と海のはたらきで、小石や砂や泥が、石に変身したんだ。

×1

つぶつぶが見えない、白っぽい石。
この石は、生き物からできた石。

石はマグマからできるだけじゃない。
あたたかい海にすむサンゴが死んで、
海の底にしずみ、
その殻が、かたまってできたのがこの石。
釘でひっかくとすじがつく。
酸性のトイレ用洗剤をかけると、
シュワシュワシュワ……とあわがでる。
ふしぎな石だ。

×1

つぶつぶが見えない、
いろいろな色やもようの石。
この石も、生き物からできた石。

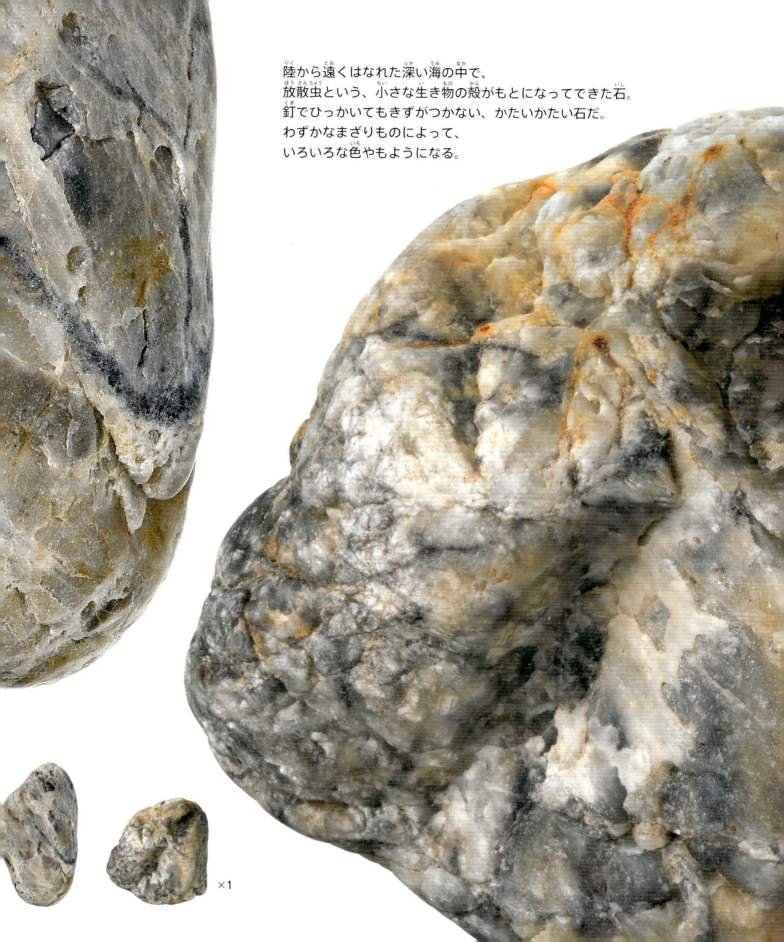

陸から遠くはなれた深い海の中で、
放散虫という、小さな生き物の殻がもとになってできた石。
釘でひっかいてもきずがつかない、かたいかたい石だ。
わずかなまざりものによって、
いろいろな色やもようになる。

×1

地球には、山があり、川があり、海がある。
地球には、まだまだたくさんの石がある。

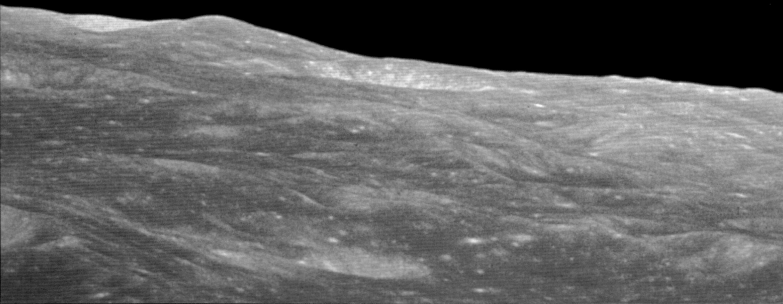

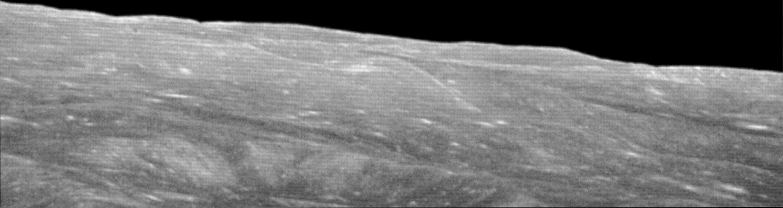

石ころは〈地球の花〉

つぶのある石、つぶのない石

　いくつもの川原や海岸の石を見てきましたが、この本では、あえて石の名前を書きませんでした。名前をおぼえるよりも先に、石の性質になじんでもらいたいという思いからです。

　しかし、「この石の名前はなんだろう」と思う人もいると思います。そこで、29ページの図にこの本で紹介した石の名前を書いておきます。

　石の種類を見分ける時の目のつけどころは、まず「石につぶが見えるか、見えないか」「つぶがキラキラしているか、していないか」です。石を手にして、角度を変えてながめると、小さなつぶがキラキラして見える石と、そうでない石があります。川原や海岸に行くといろいろな石があります。29ページの石の仲間分け表にそって、この本で紹介した石に似ているか似ていないかで見当をつけるといいでしょう。石をハンマーでわると、その石の本来の姿が見えてくるので見分けやすくなります（12-13ページ）。

　この本では、川原でよく目にする8種類の石を拡大写真で紹介しました。しかし、川や海によって見える石はちがってきます。この8種類を全部一度に見つけられる場所はないでしょう。

石の見分けかた

● **キラキラしたつぶが見える**
→ マグマから生まれた石
  ・花崗岩（白っぽい）
  ・安山岩（灰色っぽい）
  ・玄武岩（黒っぽい）

● **キラキラしたつぶが見えない**
→ 水の流れによって生まれた石
  ・礫岩（つぶが大きい）
  ・砂岩（つぶは小さい）
  ・泥岩（つぶは見えなく、つるつるした手ざわり。われやすい）
→ 生物の殻（死骸）がもとで生まれた石
  ・石灰岩（つるつるして、傷がつきやすい。酸性のトイレ洗剤をかけると泡が出る）
  ・チャート（とてもかたい。火打ち石につかわれていた）

石はグラデーション

　川原や海岸で石をひろうと、表のどれにあてはまるか迷う石や、表にあてはまらない石がたくさ

石の仲間分け表

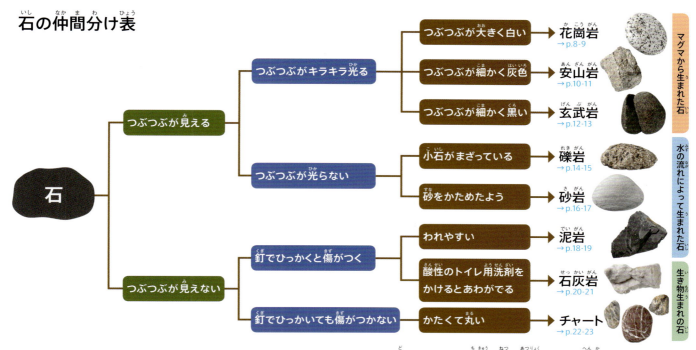

※ほかにも、一度できた石が、地球の熱や圧力でさらに変化した石もある。

んあるでしょう。石の種類には、はっきりした区切りがないのです。この8種類のほかにも石の種類はたくさんあります。最後は顕微鏡で見ないと専門家でも種類を特定できない石も多いのです。ですから、すぐに石の名前が分からなくても気にすることはありません。

まずはいろいろな石を何度も見ることです。おおよその見当がつくようになれば石探しも楽しくなってきます。興味のある人は、ほかの図鑑なども見てください。

ひろった石を何度も図鑑と見くらべているうちに、その石にしかない特徴が見えてくるようになるでしょう。

石の変わりもの

川原や海岸には、こんな変わった石もあります。

◆**一度できた石が、近くをとおったマグマの熱でかたくなった石**

例えば、ぶつけるとすぐにわれる泥岩も、マグマに熱せられると粘土を焼いた陶器のようにかたくなります。

ホルンフェルス

◆**一度できた石が、地球の力で押しちぢめられ、しましまになった石**

海底でできた砂岩や泥岩などが、日本近海で沈みこむときに、大きな地球の力で押しちぢめられてできた、細いしまもようがある石です。

結晶片岩

石のように見える人工物

レンガ、コンクリート、アスファルト、瓦など

も見つかります。これらは、砂や粘土を焼いてつくられたもので〈人工の石〉といってもよいでしょう。こわれて川に流されるうちに、自然の石のような姿になっていきます。

地球の石と水のはたらき

この本に出てきた、白っぽい石、花崗岩（8-9ページ）や安山岩（10-11ページ）は、月や他の惑星にはありません。花崗岩や安山岩は月にもある玄武岩（12-13ページ）とおなじように、マグマ生まれの石ですが、地球にだけある石です。どうして地球にだけ花崗岩や安山岩があるのでしょうか。ある科学者は次のように考えています。
「生まれて間もない熱い地球は、マグマの海でおおわれていました。やがて、マグマが冷えてかたまった黒っぽい玄武岩でおおわれるようになった。やがて地球に雨がふり、海ができたころ、地球の表面がいくつかのかたい岩板（プレート）に分かれて動き出した。そして、ある場所では一部の岩板が隣の岩板の下に潜りこむところが出てきた。そこでは海水もいっしょに地下深くにもぐりこんでいった。地下深くでは水の影響で低い温度でもとけるマグマが生まれた。そのマグマには、透明な石英などの鉱物が比較的多くふくまれ、玄武岩より白っぽい花崗岩や安山岩が生まれるもとになった」

これは今の地球科学のひとつの考えです。地球はつねに活動している〈水の惑星〉です。花崗岩や安山岩は地球だからこそできた石なのです。月には水がないので花崗岩や安山岩はありません。

さらに、川に流されて小さくなった小石や砂や泥が海でかたまってできた石も、地球だからこそ生まれた石です。

地球だからこそ生まれた石はほかにもあります。海に生きていた生き物たちから生まれた石です。生き物から生まれた石は、ほかの石と少しできかたがちがいます。

石灰岩（20-21ページ）は海水中のカルシウムがもとになってできた石で、サンゴやフズリナという小さな生き物の殻がもとになっています。

フズリナ
大阪市立自然史博物館提供

海水中にはカルシウムのほかに、ケイ素（31ページ）もふくまれています。そのケイ素を骨格に取りこんでいる生き物もいます。プランクトンの一種で放散虫といいます。放散虫は、形はさまざまで、体長が0.01mm〜0.5mmという小さな生き物です。暖かい海にはたくさんいます。海底にたまった放散虫の死骸が、長い年月の間に、かたい岩石に変身するのです。これがチャート（22-23ページ）です。

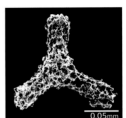

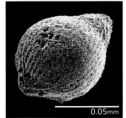
放散虫
飯田市美術博物館提供

さらにくわしく、石はなにからできている？

では、そもそも「マグマ」や「水」や「生き物」は、何からできているのでしょうか。

みなさんは、原子という言葉をきいたことがあ

りますか。わたしたちの体もこの地球も、この宇宙にあるすべてのものは、みんな目に見えない小さな小さな原子というつぶでできています。

みなさんは、酸素や水素という言葉は聞いたことがありますか。では、カルシウムやナトリウムは？

これらはみんな原子の名前です。

地球には100種類ほどの原子が見つかっています。そのうち40種類ほどの原子で、地球上のいろいろなものができています。

たとえば水は、水素原子がふたつと、酸素原子がひとつくっついてできています。

それでは、石はどんな原子でできているのでしょうか。

石は酸素とケイ素がガッチリと手を組んだ原子がもとになっています（図a）。これが、ジャングルジムのようにたくさんつながって目に見える石になっているのです（図b）。

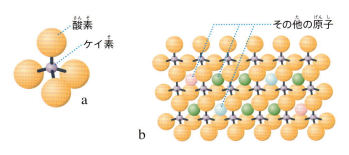

酸素原子とケイ素原子が手を組むとキラキラした面があらわれます。それらを結晶とよんでいます。その結晶が後にけずられてキラキラしない石になることもあります。

その酸素とケイ素の原子が手を組んだすき間に、カルシウム、マグネシウム、鉄、アルミニウムなどの原子が少し入って、さまざまな種類の石を生みだしているのです。マグマには、これらの原子がたくさん入っています。

原子はどこからきたの？

では、それらの原子は、どこで生まれたのでしょうか。

宇宙です。

宇宙が誕生してから137億年と言われています。宇宙誕生から数十億年たったときに、つぎつぎと新しい原子が生まれました。

ケイ素原子や酸素原子は、地球が生まれるときに集まってきた星のかけらに、たくさん入っていました。

広い広い宇宙で、百億年前くらいに生まれた原子が、やがてわたしたちの地球をつくり、地球の石をつくり、生き物の体もつくっているのです。

太陽系の惑星で、こんなにさまざまな石があるのは地球だけです。

石は、私たちに地球のこと、宇宙のことを伝えてくれます。

宇宙の中で偶然が重なってできた地球で、長い時間をかけて幾種類もできた地球の石は〈地球に咲いた花〉なのです。

＊

石の種類を調べるのに参考になる本

『集めて調べる川原の石ころ』 子供の科学・サイエンスブックス
渡辺一夫 著 誠文堂新光社 2012

『採集して観察する海岸の石ころ』 子供の科学・サイエンスブックス
渡辺一夫 著 誠文堂新光社 2011

読者のみなさんへ

西村寿雄

石の美しさをより広く知ってもらう絵本がやっとできました。
ページをめくるごとに、ふだんは気づかなかった石のすがたが、
目にとびこんできたことでしょう。
地球は美しい石がたくさん生まれている惑星です。
その地球のすばらしさを、月の世界とくらべて感じてもらえたでしょうか。

石は長い長い地球の歴史をゆっくりとつないできた生き証人です。
あなたの見ている石は、ひょっとして三葉虫が生きていたときの石かもしれません。
恐竜が生きていたときの石かもしれません。

解説では、最後を原子の話でしめくくっています。
石を原子の目で見ることによって、石も宇宙からの贈り物であることに気がつきます。
また、原子の目で石を見ていくと、石の中味が見えてきます。
鉱物や結晶の世界に広がっていきます。

この本では、まず石の粒に目をつけています。
粒から、鉱物、原子へと向かう〈化学のメガネ〉で石を見ていくと、
小さな石ころが宝物に見えてくるかもしれません。

さまざまな石をきっかけに、石や地球に、より興味をもってもらえるといいなと思います。

川原や海岸で好みの石を集めるのは楽しいですよ。
みなさんも石をさがしにでかけませんか。

2018年8月

謝辞
地学団体研究会の佐藤隆春さんには専門的な見地から相談にのっていただきました。
ありがとうございました。

文　西村寿雄（にしむら ひさお）

1936年大阪生まれ。1959年、大阪学芸大学（現大阪教育大学）卒業後、大阪府寝屋川市内の教職に就く。
1965年、故加藤磐雄氏より地学の楽しさを教わり地質学に目覚める。1980年、地学団体研究会に加わり地域の地質調査などを始める。
以後，世界や日本各地の地学巡検に加わる。仮説実験授業研究会にも所属し、地質関連の授業資料作成を重ねる。
退職後は石の楽しさを子どもたちに伝える活動をしている。現在は、地学団体研究会、仮説実験授業研究会、科学読物研究会に所属。
著書に、『地球の発明発見物語』（近代文藝社）、『ウェゲナーの大陸移動説は仮説実験の勝利』（文芸社）がある。

写真　武田晋一（たけだ しんいち）

1968年福岡県生まれ。小学校4年生の時に体験したヤマメ釣りをきっかけに、プロのヤマメ釣り師を目指すが、そのような職業がないとわかり、生き物の研究者へ進路を変更する。ところが、研究結果を記録するために始めた写真に関心をもち、自然写真家になる。山口大学理学部（生物学）卒業。同大大学院修士課程を修了後フリーの写真家としてスタートし、主に水辺の生き物にカメラを向ける。自然は、自由に見ることさえ許されれば、必ず面白いという思いから、風光明媚な場所に出かけるより、身近な自然を伝えることにこだわる。
http://www.takeda-shinichi.com/

構成　ボコヤマ クリタ

1970年兵庫県生まれ。子どもの頃から絵とお話を書いたり、友人から文章を集めたりして、ホチキスどめの本を作っていた。幼児向けの絵本を作る編集者として本づくりをする中で、身近な自然物の中におどろくほど多様な造形美が広がっていることに魅せられる。そして、武田晋一氏と出会い、共に自然写真の絵本を作る活動を始める。武田氏との共著に『水と地球の研究ノート全5巻』（偕成社）、『うまれたよ！カタツムリ』『うまれたよ！ヤドカリ』（岩崎書店）がある。凹工房名義で、イラストレーターとしても活動している。

参考文献　『なぜ地球だけに陸と海があるのか』巽好幸 著 岩波科学ライブラリー 岩波書店 2012
『図解プレートテクトニクス入門』木村学・大木勇人 著 ブルーバックス 講談社 2013
『三つの石で地球がわかる』藤岡換太郎 著 ブルーバックス 講談社 2017

写真提供　Ralph H.Bernstein／NASA（前見返し）
NASA（p.1～3、p.26-27、後見返し、カバー前そで）
西村寿雄（p.29 ホルンフェルス）

石はなにからできている？（ちしきのぽけっと23）　NDC458

発行日　2018年 9月30日　第1刷発行　　32P．215×257
　　　　2023年10月15日　第5刷発行

著者　西村寿雄　武田晋一
発行者　小松崎敬子　編集担当　石川雄一
発行所　株式会社岩崎書店　東京都文京区水道1-9-2　〒112-0005
　　　　電話 03-3812-9131（営業）　03-3813-5526（編集）
　　　　振替 00170-5-96822

印刷　株式会社東京印書館　　製本　大村製本株式会社

© Hisao Nishimura, Shinichi Takeda 2018
Published by IWASAKI Publishing Co.,Ltd.　Printed in Japan　ISBN978-4-265-04374-3

本書のコピー、スキャン、デジタル化等の無断複製は著作権法上での例外を除き禁じられています。
本書を代行業者等の第三者に依頼してスキャンやデジタル化することは、たとえ個人や家庭内での利用であっても一切認められておりません。
朗読や読み聞かせ動画の無断での配信も著作権法で禁じられています。

ご意見・ご感想をおまちしています。
Email：info@iwasakishoten.co.jp

岩崎書店ホームページ
https://www.iwasakishoten.co.jp

プリンティングディレクション　髙栁 昇・山口雅彦（東京印書館）
カバーデザイン　鈴木康彦